Suwawaku の遊び方

2桁のブロックが8個与えられ、行と列の合計が記された4 x 4の空のグリッドが表示されます。行と列の合計が正しくなるように、8つのピースをグリッドに配置する必要があります。ピースは、斜め方向を除くグリッドのすべての方向に、元の順序または鏡像で配置できます。説明については例を参照してください。

How to play Suwawaku?

You are given eight pieces of two-digits blocks, and an empty four by four grid with row and column totals is displayed. You have to place the eight pieces in the grid such that the row and column totals are correct. A piece can be placed in all directions in the grid, except diagonally, in its original order or mirror image. See the example for clarification.

例:
Example:

1:

| 4 | 3 |

2:

| 5 | 2 |

3:

| 4 | 1 |

4:

| 7 | 5 |

5:

| 3 | 2 |

6:

| 8 | 5 |

7:

| 3 | 8 |

8:

| 5 | 3 |

グリッド:
Grid:

				16
				17
				14
				21
22	**11**	**18**	**17**	

作品:
The piece:

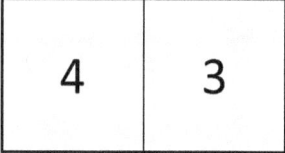

グリッド内に次のように配置できます:
Can be placed in the grid as:

or

or

or

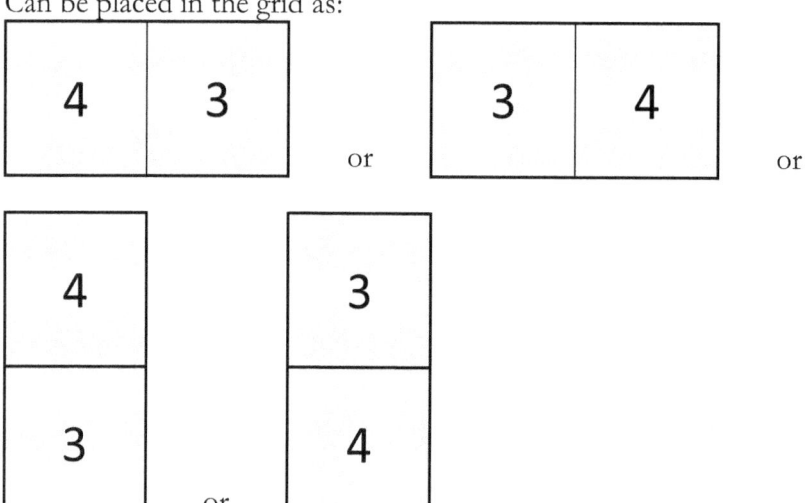

解決:
Solution:

4	3	5	4	**16**
5	3	8	1	**17**
5	2	2	5	**14**
8	3	3	7	**21**
22	**11**	**18**	**17**	

Row 1: 4 + 3 + 5 + 4 = 16
Row 2: 5 + 3 + 8 + 1 =17
Row 3: 5 + 2 + 2 + 5 = 14
Row 4: 8 + 3 + 3 + 7 = 21

Column 1: 4 + 5 + 5 + 8 = 22
Column 2: 3 + 3 + 2 + 3 = 11
Column 3: 5 + 8 + 2 + 3 = 18
Column 4: 4 + 1 + 5 + 7 = 17

Suwawaku

Suwawaku 1:

5	8
1	4
6	2
3	7

2	6
8	4
4	4
6	7

				20
				19
				22
				16
20	22	22	13	

Suwawaku 2:

7	4
8	2
8	4
4	7

5	7
3	8
1	1
1	2

				21
				16
				11
				24
11	14	26	21	

Suwawaku 3:

7	7
1	5
8	5
6	4

2	7
5	2
7	1
3	7

				16
				20
				15
				26
27	**17**	**18**	**15**	

Suwawaku 4:

2	7
7	2
5	1
2	8

6	2
3	2
8	4
3	2

				21
				19
				10
				14
21	15	12	16	

Suwawaku 5:

7	2
2	1
2	3
5	1

1	2
1	5
3	5
2	7

				15
				7
				12
				15
20	9	7	13	

Suwawaku 6:

2	8		8	7
6	2		7	5
8	3		5	5
2	5		2	3

				13
				21
				24
				20
22	**23**	**12**	**21**	

Suwawaku 7:

5	8

1	8

7	8

4	8

3	4

4	3

4	7

8	5

				19
				22
				21
				25
21	**22**	**17**	**27**	

Suwawaku 8:

7	2
4	8
3	6
2	8

3	2
8	6
6	4
2	1

				17
				19
				14
				22
13	**18**	**24**	**17**	

Suwawaku 9:

8	7
8	8
1	8
3	1

1	7
6	2
1	5
3	8

				15
				17
				28
				17
9	**23**	**18**	**27**	

Suwawaku 10:

8	2
3	1
2	6
2	8

8	3
5	8
6	5
4	6

				17
				21
				18
				21
14	**21**	**23**	**19**	

Suwawaku 11:

1	8

3	4

4	7

2	3

7	5

2	4

1	5

1	4

				11
				12
				17
				21
17	**14**	**15**	**15**	

Suwawaku 12:

2	6	
6	7	
7	8	
6	2	

4	4	
7	3	
4	6	
4	5	

				20
				18
				22
				21
18	24	23	16	

Suwawaku 13:

3	2
8	7
6	5
2	7

7	5
1	7
2	4
5	8

				15
				19
				22
				23
15	21	23	20	

Suwawaku 14:

8	3
7	4
2	8
6	1

7	5
8	2
4	7
3	8

				21
				26
				15
				21
20	**19**	**27**	**17**	

Suwawaku 15:

5	1

3	6

4	7

3	1

5	8

5	6

3	6

2	4

				15
				20
				15
				19
11	**14**	**26**	**18**	

Suwawaku 16:

6	4

1	4

7	8

8	5

4	6

8	7

6	7

2	6

				27
				26
				21
				15
23	**23**	**22**	**21**	

Suwawaku 17:

1	7

3	7

7	4

1	3

8	7

2	3

8	6

7	1

				14
				16
				29
				16
25	**17**	**14**	**19**	

Suwawaku 18:

5	5
1	7
6	2
8	1

5	4
3	6
3	5
4	5

				17
				19
				17
				17
16	**18**	**16**	**20**	

Suwawaku 19:

2	3
1	5
4	1
8	7

6	4
3	4
1	1
2	4

				17
				13
				15
				11
26	**12**	**9**	**9**	

Suwawaku 20:

1	1

4	3

3	7

1	7

5	8

5	4

6	2

1	6

				15
				15
				15
				19
17	**20**	**21**	**6**	

Suwawaku 21:

3	2

2	5

5	6

7	3

4	8

8	6

5	8

6	6

				23
				29
				17
				15
23	**25**	**15**	**21**	

Suwawaku 22:

2	8
5	8
8	5
7	1

7	3
8	8
4	2
8	5

				16
				26
				15
				32
18	20	28	23	

Suwawaku 23:

5	8
3	6
1	6
3	1

6	5
2	1
6	4
4	3

				11
				18
				20
				15
13	**16**	**11**	**24**	

Suwawaku 24:

3	3

3	6

2	4

3	5

8	2

8	1

2	5

5	1

				15
				18
				13
				15
14	**15**	**13**	**19**	

Suwawaku 25:

4	8		3	7
3	8		1	6
3	3		4	8
6	2		6	8

				21
				21
				20
				18
23	**19**	**19**	**19**	

Suwawaku 26:

3	6
6	5
5	4
6	8

1	3
2	8
7	4
6	5

				22
				25
				11
				21
20	**18**	**16**	**25**	

Suwawaku 27:

1	2
2	1
1	8
2	7

2	2
5	5
8	6
7	7

				12
				18
				22
				14
13	**13**	**11**	**29**	

Suwawaku 28:

4	2
8	1
5	8
3	2

6	1
2	6
1	3
3	3

				11
				11
				15
				21
20	10	16	12	

Suwawaku 29:

8	8
8	3
6	6
4	3

5	3
3	2
7	3
4	6

				17
				21
				23
				18
24	**19**	**12**	**24**	

Suwawaku 30:

2	1
1	5
3	7
4	1

5	4
7	4
4	5
7	8

				20
				10
				20
				18
11	15	17	25	

Suwawaku 31:

7	8
1	5
8	6
6	5

2	3
1	8
7	3
5	8

				20
				15
				24
				24
19	**25**	**18**	**21**	

Suwawaku 32:

7	8		5	3
5	4		3	4
8	7		7	6
3	2		1	1

				13
				15
				26
				20
10	**19**	**24**	**21**	

Suwawaku 33:

3	5
8	6
2	5
4	4

8	2
6	5
4	8
6	3

				22
				22
				16
				19
23	22	17	17	

Suwawaku 34:

1	2

1	1

1	4

2	1

6	7

1	6

2	7

1	2

				12
				10
				12
				11
11	**6**	**20**	**8**	

Suwawaku 35:

5	8
8	3
5	5
5	4

3	3
2	6
8	6
5	3

				19
				21
				14
				25
19	22	21	17	

Suwawaku 36:

1	2
7	4
7	1
3	4

5	8
6	3
2	6
8	5

				15
				19
				22
				16
15	**15**	**24**	**18**	

Suwawaku 37:

2	3
5	2
3	2
2	8

2	2
3	8
5	7
4	2

				17
				16
				14
				13
13	**14**	**20**	**13**	

Suwawaku 38:

7	7

5	5

8	5

7	5

4	2

7	5

2	5

6	8

				21
				24
				21
				22
20	**29**	**23**	**16**	

Suwawaku 39:

3	7		3	2
6	3		8	5
8	1		1	4
4	1		3	4

				19
				7
				17
				20
20	10	15	18	

Suwawaku 40:

1	7
3	6
2	7
5	1

1	8
6	1
3	5
4	7

				18
				19
				11
				19
20	14	16	17	

Suwawaku 41:

5	2

6	7

3	7

3	1

7	8

5	8

6	8

2	3

				23
				12
				16
				30
21	**18**	**18**	**24**	

Suwawaku 42:

3	2
1	3
6	8
1	8

4	3
5	5
1	7
4	2

				16
				19
				13
				15
24	**9**	**18**	**12**	

Suwawaku 43:

1	7		4	7
1	5		4	2
6	8		6	1
2	6		4	4

				23
				18
				17
				10
17	**21**	**14**	**16**	

Suwawaku 44:

6	4

5	7

1	2

2	3

8	5

8	2

8	4

2	7

				21
				14
				17
				22
21	**24**	**18**	**11**	

Suwawaku 45:

4	7

1	6

5	4

2	1

1	7

4	8

4	2

6	1

				16
				13
				14
				20
10	**19**	**13**	**21**	

Suwawaku 46:

6	2
1	6
6	3
7	2

7	3
7	6
3	6
2	8

				21
				13
				20
				21
19	**20**	**20**	**16**	

Suwawaku 47:

4	1		1	3
6	2		2	4
8	4		6	6
4	6		2	6

				7
				12
				24
				22
15	**17**	**16**	**17**	

Suwawaku 48:

3	3

3	2

7	1

1	8

2	8

5	3

8	4

3	8

				14
				21
				15
				19
17	**26**	**9**	**17**	

Suwawaku 49:

3	4	6	7
1	4	8	7
6	2	6	1
1	6	7	1

				9
				25
				20
				16
15	**19**	**21**	**15**	

Suwawaku 50:

2	3
7	8
5	4
8	6

8	2
7	6
8	1
1	6

				22
				23
				16
				21
22	**22**	**25**	**13**	

解決 / Solution:
Suwawaku 1:

6	7	3	4	**20**
2	7	6	4	**19**
4	6	8	4	**22**
8	2	5	1	**16**
20	**22**	**22**	**13**	

Suwawaku 2:

2	4	7	8	**21**
1	4	8	3	**16**
1	1	7	2	**11**
7	5	4	8	**24**
11	**14**	**26**	**21**	

Suwawaku 3:

7	3	4	2	**16**
7	2	6	5	**20**
8	5	1	1	**15**
5	7	7	7	**26**
27	**17**	**18**	**15**	

Suwawaku 4:

4	8	2	7	**21**
8	3	6	2	**19**
2	2	1	5	**10**
7	2	3	2	**14**
21	**15**	**12**	**16**	

Suwawaku 5:

7	2	1	5	**15**
1	2	3	1	**7**
5	3	2	2	**12**
7	2	1	5	**15**
20	**9**	**7**	**13**	

Suwawaku 6:

2	6	3	2	**13**
8	5	5	3	**21**
7	7	2	8	**24**
5	5	2	8	**20**
22	**23**	**12**	**21**	

Suwawaku 7:

4	3	4	8	**19**
4	3	7	8	**22**
5	8	1	7	**21**
8	8	5	4	**25**
21	**22**	**17**	**27**	

Suwawaku 8:

6	3	6	2	**17**
1	2	8	8	**19**
2	7	2	3	**14**
4	6	8	4	**22**
13	**18**	**24**	**17**	

Suwawaku 9:

1	3	8	3	**15**
1	7	1	8	**17**
5	7	8	8	**28**
2	6	1	8	**17**
9	**23**	**18**	**27**	

Suwawaku 10:

1	2	8	6	**17**
3	8	5	5	**21**
6	8	2	2	**18**
4	3	8	6	**21**
14	**21**	**23**	**19**	

Suwawaku 11:

4	2	3	2	**11**
4	4	3	1	**12**
1	7	4	5	**17**
8	1	5	7	**21**
17	**14**	**15**	**15**	

Suwawaku 12:

5	4	7	4	**20**
2	6	6	4	**18**
3	7	6	6	**22**
8	7	4	2	**21**
18	**24**	**23**	**16**	

Suwawaku 13:

7	1	5	2	**15**
2	7	7	3	**19**
4	5	6	7	**22**
2	8	5	8	**23**
15	**21**	**23**	**20**	

Suwawaku 14:

7	4	8	2	**21**
7	6	8	5	**26**
4	1	3	7	**15**
2	8	8	3	**21**
20	**19**	**27**	**17**	

Suwawaku 15:

1	3	6	5	**15**
4	2	8	6	**20**
1	6	5	3	**15**
5	3	7	4	**19**
11	**14**	**26**	**18**	

Suwawaku 16:

5	7	7	8	**27**
8	8	4	6	**26**
6	2	7	6	**21**
4	6	4	1	**15**
23	**23**	**22**	**21**	

Suwawaku 17:

3	7	3	1	**14**
7	3	2	4	**16**
8	6	8	7	**29**
7	1	1	7	**16**
25	**17**	**14**	**19**	

Suwawaku 18:

7	1	4	5	**17**
1	8	5	5	**19**
2	6	4	5	**17**
6	3	3	5	**17**
16	**18**	**16**	**20**	

Suwawaku 19:

7	4	4	2	**17**
8	3	1	1	**13**
6	4	1	4	**15**
5	1	3	2	**11**
26	**12**	**9**	**9**	

Suwawaku 20:

3	4	7	1	**15**
2	6	6	1	**15**
8	5	1	1	**15**
4	5	7	3	**19**
17	**20**	**21**	**6**	

Suwawaku 21:

6	5	6	6	**23**
8	8	5	8	**29**
6	5	2	4	**17**
3	7	2	3	**15**
23	**25**	**15**	**21**	

Suwawaku 22:

2	4	5	5	**16**
3	7	8	8	**26**
5	1	7	2	**15**
8	8	8	8	**32**
18	**20**	**28**	**23**	

Suwawaku 23:

2	3	1	5	**11**
1	6	3	8	**18**
6	3	6	5	**20**
4	4	1	6	**15**
13	**16**	**11**	**24**	

Suwawaku 24:

1	5	4	5	**15**
8	5	2	3	**18**
2	2	6	3	**13**
3	3	1	8	**15**
14	**15**	**13**	**19**	

Suwawaku 25:

3	3	7	8	**21**
8	6	3	4	**21**
8	8	3	1	**20**
4	2	6	6	**18**
23	**19**	**19**	**19**	

Suwawaku 26:

5	4	7	6	**22**
6	8	3	8	**25**
3	2	1	5	**11**
6	4	5	6	**21**
20	**18**	**16**	**25**	

Suwawaku 27:

1	2	1	8	**12**
2	2	7	7	**18**
5	7	2	8	**22**
5	2	1	6	**14**
13	**13**	**11**	**29**	

Suwawaku 28:

2	6	2	1	**11**
4	1	3	3	**11**
8	1	3	3	**15**
6	2	8	5	**21**
20	**10**	**16**	**12**	

Suwawaku 29:

6	6	2	3	**17**
3	6	4	8	**21**
8	4	3	8	**23**
7	3	3	5	**18**
24	**19**	**12**	**24**	

Suwawaku 30:

5	4	4	7	**20**
1	5	1	3	**10**
4	4	5	7	**20**
1	2	7	8	**18**
11	**15**	**17**	**25**	

Suwawaku 31:

2	5	8	5	**20**
3	5	1	6	**15**
6	7	8	3	**24**
8	8	1	7	**24**
19	**25**	**18**	**21**	

Suwawaku 32:

2	3	5	3	**13**
1	1	7	6	**15**
4	7	8	7	**26**
3	8	4	5	**20**
10	**19**	**24**	**21**	

Suwawaku 33:

6	5	6	5	**22**
8	8	4	2	**22**
6	4	4	2	**16**
3	5	3	8	**19**
23	**22**	**17**	**17**	

Suwawaku 34:

1	1	6	4	**12**
7	1	1	1	**10**
2	2	7	1	**12**
1	2	6	2	**11**
11	**6**	**20**	**8**	

Suwawaku 35:

5	4	5	5	**19**
5	8	5	3	**21**
6	2	3	3	**14**
3	8	8	6	**25**
19	**22**	**21**	**17**	

Suwawaku 36:

2	6	3	4	**15**
4	7	5	3	**19**
7	1	8	6	**22**
2	1	8	5	**16**
15	**15**	**24**	**18**	

Suwawaku 37:

4	2	8	3	**17**
2	2	7	5	**16**
2	8	2	2	**14**
5	2	3	3	**13**
13	**14**	**20**	**13**	

Suwawaku 38:

2	8	6	5	**21**
5	7	7	5	**24**
5	7	5	4	**21**
8	7	5	2	**22**
20	**29**	**23**	**16**	

Suwawaku 39:

3	4	8	4	**19**
4	1	1	1	**7**
5	2	3	7	**17**
8	3	3	6	**20**
20	**10**	**15**	**18**	

Suwawaku 40:

6	1	7	4	**18**
3	7	2	7	**19**
8	1	1	1	**11**
3	5	6	5	**19**
20	**14**	**16**	**17**	

Suwawaku 41:

8	5	3	7	**23**
5	2	2	3	**12**
1	3	6	6	**16**
7	8	7	8	**30**
21	**18**	**18**	**24**	

Suwawaku 42:

4	2	8	2	**16**
5	5	6	3	**19**
7	1	1	4	**13**
8	1	3	3	**15**
24	**9**	**18**	**12**	

Suwawaku 43:

7	8	4	4	**23**
4	6	2	6	**18**
4	1	7	5	**17**
2	6	1	1	**10**
17	**21**	**14**	**16**	

Suwawaku 44:

4	8	7	2	**21**
8	3	2	1	**14**
2	8	5	2	**17**
7	5	4	6	**22**
21	**24**	**18**	**11**	

Suwawaku 45:

6	2	4	4	**16**
1	6	1	5	**13**
2	7	1	4	**14**
1	4	7	8	**20**
10	**19**	**13**	**21**	

Suwawaku 46:

6	6	3	6	**21**
3	1	7	2	**13**
3	7	8	2	**20**
7	6	2	6	**21**
19	**20**	**20**	**16**	

Suwawaku 47:

1	3	2	1	**7**
2	2	4	4	**12**
6	6	4	8	**24**
6	6	6	4	**22**
15	**17**	**16**	**17**	

Suwawaku 48:

1	8	2	3	**14**
8	8	3	2	**21**
5	3	3	4	**15**
3	7	1	8	**19**
17	**26**	**9**	**17**	

Suwawaku 49:

3	4	1	1	**9**
4	8	7	6	**25**
1	6	7	6	**20**
7	1	6	2	**16**
15	**19**	**21**	**15**	

Suwawaku 50:

1	6	8	7	**22**
6	8	8	1	**23**
8	2	4	2	**16**
7	6	5	3	**21**
22	**22**	**25**	**13**	

www.ingramcontent.com/pod-product-compliance
Lightning Source LLC
Chambersburg PA
CBHW070355230526
45471CB00006B/2577
* 9 7 9 8 3 3 8 4 2 5 8 9 3 *